四川省工程建设地方标准

四川省建筑工程岩棉制品保温系统技术规程

Technical Specification for Thermal Insulation Composite Systems of Architectural Engineering Based on Rock Wool Products in Sichuan Province

DBJ 51/T 042 - 2015

主编单位：四川省建材工业科学研究院
批准部门：四川省住房和城乡建设厅
施行日期：2015年12月1日

西南交通大学出版社

2015 成都

图书在版编目（CIP）数据

四川省建筑工程岩棉制品保温系统技术规程 / 四川省建材工业科学研究院主编. 一成都：西南交通大学出版社，2015.11

（四川省工程建设地方标准）

ISBN 978-7-5643-4341-5

Ⅰ. ①四… Ⅱ. ①四… Ⅲ. ①建筑材料－保温材料－设计规范－四川省 Ⅳ. ①TU55-65

中国版本图书馆 CIP 数据核字（2015）第 243921 号

四川省工程建设地方标准

四川省建筑工程岩棉制品保温系统技术规程

主编单位　四川省建材工业科学研究院

责任编辑	胡晗欣
助理编辑	柳堰龙
封面设计	原谋书装
出版发行	西南交通大学出版社 （四川省成都市金牛区交大路 146 号）
发行部电话	028-87600564　028-87600533
邮政编码	610031
网址	http: //www.xnjdcbs.com
印刷	成都蜀通印务有限责任公司
成品尺寸	140 mm × 203 mm
印张	2.5
字数	63 千字
版次	2015 年 11 月第 1 版
印次	2015 年 11 月第 1 次
书号	ISBN 978-7-5643-4341-5
定价	27.00 元

各地新华书店、建筑书店经销

图书如有印装质量问题　本社负责退换

关于发布四川省工程建设地方标准《四川省建筑工程岩棉制品保温系统技术规程》的通知

川建标发〔2015〕525号

各市州及扩权试点县住房城乡建设行政主管部门，各有关单位：

由四川省建材工业科学研究院主编的《四川省建筑工程岩棉制品保温系统技术规程》，已经我厅组织专家审查通过，现批准为四川省推荐性工程建设地方标准，编号为：DBJ 51/T 042—2015，自2015年12月1日起在全省实施。

该标准由四川省住房和城乡建设厅负责管理，四川省建材工业科学研究院负责技术内容解释。

四川省住房和城乡建设厅

2015年7月21日

前　言

本规程是根据四川省住房和城乡建设厅（川建科发〔2013〕314 号）关于下达的四川省工程建设地方标准《岩棉制品建筑保温系统》编制计划的通知”的要求，由四川省建材工业科学研究院会同有关单位共同编制完成的。规程编制组进行广泛调查研究，开展了专题讨论，总结了建筑工程岩棉制品保温系统工程实践经验，参考国内外标准，经过试验验证，并在广泛征求意见的基础上，最后经审查定稿。

本规程分为 8 章及 2 个附录，主要技术内容是：总则、术语和符号、基本规定、系统构造、性能要求、设计、施工、验收等。

本规程由四川省住房和城乡建设厅负责管理，四川省建材工业科学研究院负责具体技术内容解释。执行过程中如有意见或建议，请寄送四川省建材工业科学研究院（地址：成都市恒德路 6 号；邮编：610081；电话：028-83337211）。

本规程主编单位：四川省建材工业科学研究院

本规程参编单位：中国建筑西南设计院有限公司
四川省建筑设计院
四川省建设科技发展中心
中国华西企业股份有限公司第十二建筑工程公司

四川帕沃可矿物纤维制品有限公司
四川元能保温材料有限公司
四川元泰世纪建筑工程有限公司
四川建普适节能材料有限公司
成都市节能建材工程技术研究中心

本规程主要起草人：江成贵　秦　钢　冯　雅　储兆佛
罗进元　韦延年　吕　萍　刘毅烽
李晓岑　张仕忠　杨桃富　李　斌
罗　寅　田三贵　曾　沙　袁宇鹏
陈　云　余　瑜

本规程主要审查人：刘　晖　黄光洪　向　学　李固华
张　静　刘　民　高庆龙

目　次

Contents

1 总 则

1.0.1 为贯彻落实国家建筑节能政策，规范岩棉制品在建筑节能工程中的应用，保证工程质量，制定本规程。

1.0.2 本规程适用于新建、扩建（改建）的居住建筑与公共建筑采用岩棉制品保温系统的建筑节能工程。

1.0.3 建筑工程岩棉制品保温系统的设计、施工和验收，除应符合本规程的要求外，尚应符合国家、地方现行有关标准的规定。

2 术语和符号

2.1 术 语

2.1.1 岩棉制品薄抹灰外墙外保温系统 external thermal insulation composite systems based on rock wool products

设置在建筑外墙外侧，以岩棉制品为保温层，由保温层、薄抹灰抗裂防护层和饰面层构成，起保温隔热、防护和装饰作用的构造系统。

2.1.2 复合岩棉保温装饰板外墙外保温系统 external thermal insulation systems based on insulating and decorative panels composited rock wool products

通过粘贴和边部锚固，将复合岩棉保温装饰板安装固定在基墙，形成的外墙外保温系统。

2.1.3 幕墙构造岩棉制品保温系统 thermal insulation composite systems based on rock wool products in curtain wall structures

设置在装饰幕墙结构内部基墙上，以岩棉制品为保温层，由保温层、薄抹灰砂浆或铝箔（为防护层）构成，起保温隔热作用的构造系统。

2.1.4 岩棉制品架空层外保温系统 external insulation composite system based on rock wool products on overhead layers

设置在建筑架空层楼板下表面(外侧),以岩棉制品为保温层，由粘结层、保温层、抗裂防护层构成，起保温隔热、防护作用的构造系统。

2.1.5 岩棉制品 rock wool products

建筑外墙外保温用绝热岩棉制品的简称，包括岩棉板、岩棉带、针织岩棉板、增强覆面岩棉板和铝箔覆面岩棉板。

2.1.6 岩棉板 rock wool board

以玄武岩、白云石等为主要原料，经高温熔融、离心喷吹制成矿物质纤维，掺入一定比例的粘结剂、憎水剂等添加剂后经集棉、摆锤法逐层叠铺、压制、固化和裁割而成的纤维平行于板面的板状制品。

2.1.7 岩棉带 rock wool strip

以玄武岩、白云石等为主要原料，经高温熔融、离心喷吹制成矿物质纤维，掺入一定比例的粘结剂、憎水剂等添加剂后经集棉、摆锤法逐层叠铺、压制、固化和裁割而成的纤维垂直于板面的板状制品。

2.1.8 针织岩棉板 knitting rock wool board

建筑外墙外保温用绝热岩棉板或岩棉带，用无机耐碱缝纫线经经纬针织制成的板材。

2.1.9 增强覆面岩棉板 reinforced and cladding rock wool board

在建筑外墙用绝热岩棉板或岩棉带两大面铺设耐碱纤维网

布，用无机耐碱缝纫线经经纬针织将耐碱纤维网布与岩棉板缝织在一起，采用抹面胶浆喷（刮）涂表面，经养护后制成的板材。

2.1.10 铝箔覆面岩棉板 aluminum foil cladding rock wool board

在建筑外墙用绝热岩棉板或岩棉带表面粘结包覆一层铝箔纸制成的板材。

2.1.11 复合岩棉保温装饰板 insulating and decorative panel composited rock wool products

在基板（铝板、蒸压纤维增强硅酸钙板或蒸压纤维增强水泥板）表面喷、涂装饰面层制成装饰面板，再与岩棉板、岩棉带、针织岩棉板或增强覆面岩棉板粘结制成的具有保温装饰功能的复合板材；又称保温装饰一体板。

2.1.12 基层 substrate

保温系统所依附的结构实体，包括结构层和找平层。

2.1.13 保温层 thermal insulating layer

在保温系统中起保温隔热作用的构造层，即保温系统中岩棉制品材料层。

2.0.14 抗裂防护层 anti-crack coat

设置在保温层表面，中间夹有耐碱纤维网布，保护保温层，并起防裂、防水和抗冲击作用的构造层。

2.1.15 饰面层 facing coat

设置在保温系统抗裂防护层外侧起装饰作用的构造层。

2.1.16 满涂粘贴法 full coating paste method

在岩棉制品被粘贴面覆盖地涂抹一层粘结砂浆，通过按压将岩棉制品粘贴在平整基层上，在岩棉制品粘贴面形成粘结砂浆覆盖层的粘贴工艺。

2.2 符 号

2.2.1 热工参数

A——主体部位在维护结构中所占的面积比值。

B——结构性冷桥部位在维护结构中所占的面积比值。

D_m——围护结构的平均热惰性指标。

D_p——主体部位的热惰性指标。

D_b——结构性冷桥部位的热惰性指标。

F_p——围护结构的主体部位面积。

F_b——围护结构的结构性热桥部位面积。

K_m——围护结构的平均传热系数。

K_p——主体部位的传热系数。

K_b——结构性冷桥部位的传热系数。

S_c——保温系统构成材料蓄热系数计算取值。

λ_c——保温系统构成材料导热系数计算取值。

2.2.2 风荷载

F_p——锚栓抗拉承载力标准值。

k_1——锚栓锚固承载力修正系数。

k_2——保温系统粘结修正系数。

n——单位面积锚栓设置数量。

R_d——岩棉制品外保温系统抗风荷载承载力设计值。

R_k——外保温系统的抗风荷载承载力标准值。

R_l——保温层垂直于板面抗拉强度。

S_d——风荷载设计值。

w_k——风荷载标准值。

w_0——基本风压。

β_{gz}——高度 z 处的阵风系数。

μ_{sl}——局部风压体型系数。

μ_z——风压高度变化系数。

γ_m——岩棉制品外保温系统抗风荷载安全系数。

2. 2. 3 结露与冷凝受潮

$p_{s,t_{m1}}$——t_{m1} 温度时空气饱和水蒸气分压。

p_{m1}——第 m 层材料靠室内一侧表面水蒸气分压。

p_i——室内 t_i 温度时对应的空气水蒸气分压。

p_e——室外 t_e 温度时对应的空气水蒸气分压。

t_{m1}——第 m 层材料靠室内一侧的温度。

t_i——室内温度。

t_e——室外温度。

w_j——第 j 层材料的透湿率。

Ω_j——第 j 层材料 $[t_{(m-1)1}+t_{m1}]/2$ 温度时的热阻。

3 基本规定

3.0.1 建筑工程岩棉制品保温系统的构造、施工和工程质量应符合本规程的要求，使用材料应根据本规程对其性能的要求设计选用。

3.0.2 建筑工程岩棉制品保温系统的保温隔热性能应符合标准《民用建筑热工设计规范》GB 50176、《公共建筑节能设计标准》GB 50189、《严寒和寒冷地区居住建筑节能设计标准》JGJ 26、《夏热冬暖地区居住建筑节能设计标准》JGJ 75 或《夏热冬冷地区居住建筑节能设计标准》JGJ 134、《四川省居住建筑节能设计标准》DB 51/5027 的有关规定。

3.0.3 岩棉制品薄抹灰保温系统不应采用面砖、文化石等重质块材作饰面材料。

3.0.4 岩棉制品薄抹灰保温系统与基体的固定采用粘结和锚栓锚固相结合的方式，系统抗拉承载力按粘结力与锚固力叠加计算；复合岩棉保温装饰板保温系统与基墙的固定采用粘结并辅助机械固定的方式，系统抗拉承载力以粘结力计。

3.0.5 岩棉板、岩棉带和针织岩棉板薄抹灰保温系统的抗裂防护层应设置双层耐碱玻纤网格布，并分两次间隔涂抹施工，两次施工间隔时间不宜少于 7 天；增强覆面岩棉板薄抹灰保温系统的抗裂防护层设置一层耐碱玻纤网格布。

3.0.6 岩棉制品保温系统的涂料饰面层应具有一定的柔性即抗变形开裂性，饰面层材料应选用柔性耐水腻子和弹性涂料；岩棉制品薄抹灰保温系统柔性耐水腻子层的厚度不宜超过 3 mm。

3.0.7 复合岩棉保温装饰板尺寸不应超过 1 200 mm × 800 mm，面密度不得超过 20 kg/m^2。复合岩棉保温装饰板外墙外保温系统应设置保温层与室外大气相通的通气口，并确保管道通气顺畅；系统板缝所用的填充材料和面层防水密封胶的燃烧性能等级不应低于 B_1 级。

3.0.8 装饰幕墙构造岩棉板外墙保温系统的施工应在幕墙框架安装完毕、检验合格、经防锈处理，挂板前进行。装饰幕墙应在岩棉板外墙保温系统的施工完毕质量验收合格后，方可挂板封闭。

3.0.9 选用非幕墙构造岩棉制品外墙外保温系统，应按《建筑结构荷载规范》GB 50009 对围护结构风荷载的规定，对保温系统进行抗风荷载承载力验算。计算保温系统抗风荷载承载力时，宜采用单一安全系数法。

3.0.10 寒冷和严寒地区选用岩棉制品外墙外保温系统时应进行墙体内部结露和冷凝受潮验算。

4 系统构造

4.1 薄抹灰外墙外保温系统

4.1.1 涂料饰面岩棉板、岩棉带或针织岩棉板薄抹灰外墙外保温系统的基本构造见图 4.1.1。

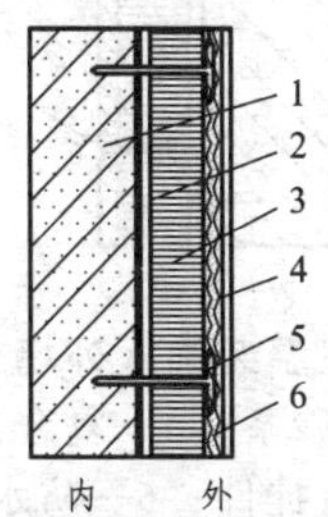

图 4.1.1 涂料饰面岩棉制品薄抹灰外墙外保温系统基本构造

1—基层；2—粘结砂浆；3—岩棉板、岩棉带或针织岩棉板；4—抹面胶浆+双层耐碱玻纤网格布；5—塑料锚栓；6—柔性耐水腻子+外墙涂料

4.1.2 涂料饰面增强覆面岩棉板外墙外保温系统基本构造见图 4.1.2。

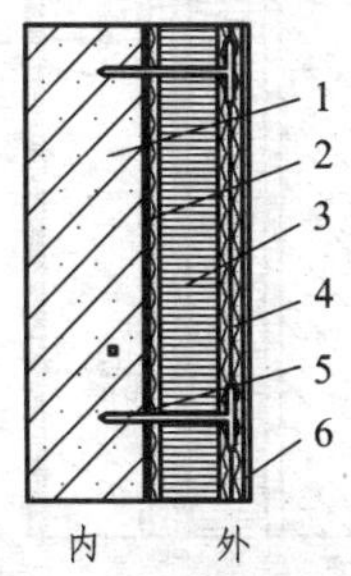

图 4.1.2 涂料饰面增强覆面岩棉薄抹灰外墙外保温系统基本构造

1—基层；2—粘结砂浆；3—增强覆面岩棉板；4—抹面胶浆+双层耐碱玻纤网格布；5—塑料锚栓；6—柔性耐水腻子 + 外墙涂料

4.2 复合岩棉保温装饰板外墙外保温系统

4.2.1 复合岩棉保温装饰板外墙外保温系统基本构造见图 4.2.1。

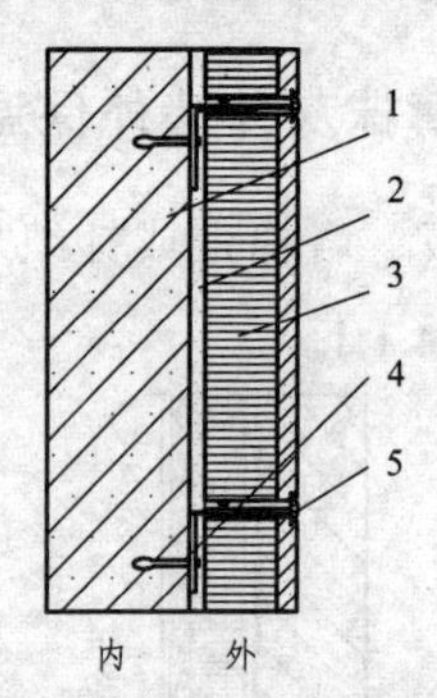

图 4.2.1 复合岩棉保温装饰板外墙外保温系统基本构造

1—基层；2—粘结砂浆；3—复合岩棉保温装饰板；

4—锚栓+挂件；5—防水密封胶

4.3 装饰幕墙构造保温系统

4.3.1 幕墙构造岩棉板薄抹灰保温系统基本构造见图 4.3.1。

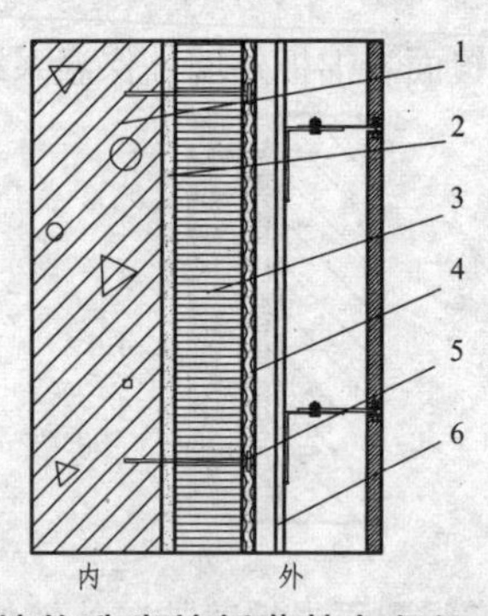

图 4.3.1 幕墙构造岩棉板薄抹灰保温系统基本构造

1—基层；2—粘结砂浆；3—岩棉板或岩棉带；

4—抹面胶浆+双层耐碱玻纤风格布；

5—塑料锚栓；6—钢构加+外挂板

4.3.2 幕墙构造铝箔覆面岩棉板保温系统基本构造见图 4.3.2。

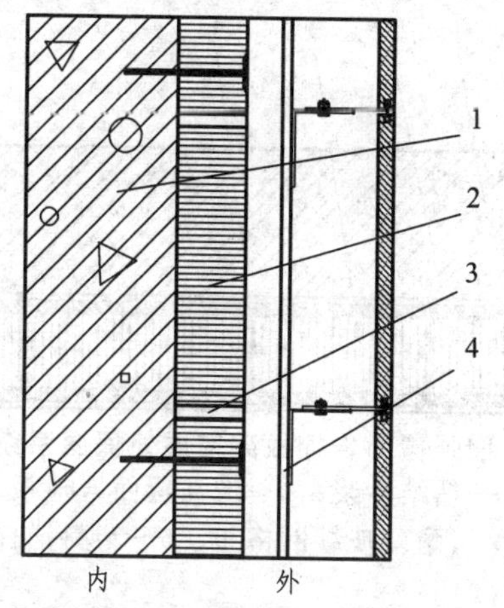

图 4.3.2 幕墙构造铝箔覆面岩棉板保温系统基本构造

1—基层；2—铝箔覆面岩棉板；3—塑料锚栓；4—钢构架+外挂板

4.4 架空层外保温系统

4.4.1 岩棉制品架空层外保温系统基本构造见图 4.4.1。

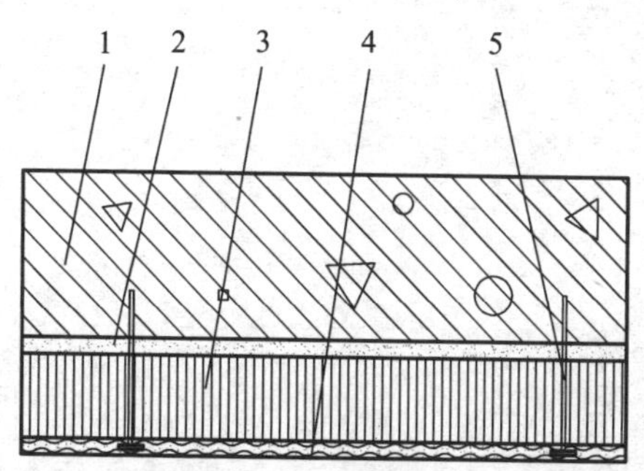

图 4.4.1 岩棉制器架空层外保温系统基本构造

1—基层；2—粘结砂浆；3—岩棉板、岩棉带或针织岩棉板；

4—抹面胶浆 + 双层耐碱玻纤网格布；5—塑料锚栓

4.4.2 增强覆面岩棉板架空层外保温系统基本构造见图 4.4.2。

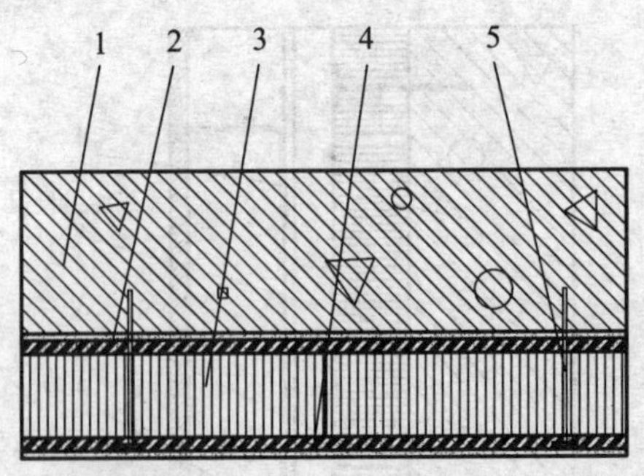

图 4.4.2 增强覆面岩棉板架空层外保温系统基本构造

1—基层；2—粘结砂浆；3—增强覆面岩棉板；4—抹面胶浆+单层耐碱玻纤网格布；5—塑料锚栓

5 性能要求

5.1 系 统

5.1.1 岩棉制品薄抹灰保温系统的性能应符合表5.1.1的要求。

表5.1.1 岩棉制品薄抹灰保温系统性能指标

项目			指标
耐候性	外观		无裂缝，无粉化、空鼓、剥落现象
	抗拉试验	岩棉板	破坏面在保温层内
		其他	抗拉强度≥0.1 MPa
耐冻融	外观		无裂缝，无粉化、空鼓、剥落现象
	抗拉试验	岩棉板	破坏面在保温层内
		其他	抗拉强度≥0.1 MPa
抗冲击强度		二层及以上	3 J冲击合格
		首层	10 J冲击合格
抗拉试验		岩棉板	破坏面在保温层内
		其他	抗拉强度≥0.1 MPa
吸水量/(kg/m^2)			≤0.50
不透水性			无水渗透
水蒸气透过湿流密度/[g/(m^2·h)]			≥0.85

注：1 幕墙构造岩棉制品外墙保温系统耐候性不作强制性要求。
2“其他”指岩棉带、针织岩棉板或增强覆面岩棉板。

5.1.2 幕墙构造铝箔覆面岩棉板保温系统的性能应符合表5.1.2的要求。

表 5.1.2　幕墙构造铝箔覆面岩棉板保温系统性能指标

项　目	指　标
外观	无纤维外露，拼缝和板材外表面铝箔破损采用铝箔进行了覆盖
平整度/mm	≤5
锚固	锚拴无松动，锚钉端面不得突出于压缩圆盘周围板材基准面，压缩陷不得超过 5 mm
抗拉试验	锚栓抗拉承载力不低于设计值

5.1.3　复合岩棉保温装饰板外墙外保温系统的性能应符合表 5.1.3 要求。

表 5.1.3　复合岩棉保温装饰板外墙外保温系统性能指标

<table>
<tr><th colspan="3">项　目</th><th>指　标</th></tr>
<tr><td rowspan="3">耐候性</td><td colspan="2">外　观</td><td>无可见裂缝，无粉化、空鼓、剥落现象</td></tr>
<tr><td rowspan="2">抗拉试验</td><td>岩棉板</td><td>破坏面在保温层内</td></tr>
<tr><td>其他</td><td>抗拉强度≥0.1 MPa</td></tr>
<tr><td rowspan="3">耐冻融</td><td colspan="2">外观</td><td>无可见裂缝，无粉化、空鼓、剥落现象</td></tr>
<tr><td rowspan="2">抗拉试验</td><td>岩棉板</td><td>破坏面在保温层内</td></tr>
<tr><td>其他</td><td>抗拉强度≥0.1 MPa</td></tr>
<tr><td colspan="2" rowspan="2">抗拉试验</td><td>岩棉板</td><td>破坏面在保温层内</td></tr>
<tr><td>其他</td><td>抗拉强度≥0.1 MPa</td></tr>
<tr><td colspan="3">抗冲击强度</td><td>10 J 冲击合格</td></tr>
<tr><td colspan="3">吸水量/(kg/m²)</td><td>≤0.50</td></tr>
<tr><td colspan="3">不透水性</td><td>无水渗透</td></tr>
</table>

注：“其他”指岩棉带、针织岩棉板或增强覆面岩棉极。

5.2 组成材料

5.2.1 岩棉板、针织岩棉板、岩棉带和铝箔覆面岩棉板的主要性能应符合表 5.2.1 的要求，其他性能应符合《建筑外墙外保温用岩棉制品》GB/T 25975 的要求。

表 5.2.1 岩棉制品的性能指标

<table>
<tr><th colspan="2" rowspan="2">项　目</th><th colspan="4">指　标</th></tr>
<tr><th>岩棉板</th><th>岩棉带</th><th>针织岩棉板</th><th>铝箔覆面岩棉板</th></tr>
<tr><td colspan="2">密度/（kg/m^3）</td><td>≥140</td><td>≥100</td><td>≥100</td><td>≥100</td></tr>
<tr><td colspan="2">导热系数/[W/(m·K)]</td><td>≤0.040</td><td>≤0.048</td><td>≤0.048</td><td>≤0.052</td></tr>
<tr><td colspan="2">压缩强度（相对变形 10%）/kPa</td><td>≥40</td><td>≥80</td><td>≥40</td><td>≥40</td></tr>
<tr><td rowspan="2">垂直于板面方向的抗拉强度</td><td>抗拉强度/kPa</td><td>≥10</td><td>≥100</td><td>≥100</td><td>≥7.5</td></tr>
<tr><td>湿热处理后强度保留率/%</td><td colspan="4">≥50</td></tr>
<tr><td colspan="2">酸度系数</td><td colspan="4">≥1.8</td></tr>
<tr><td colspan="2">渣球含量/%</td><td colspan="4">≤10</td></tr>
<tr><td colspan="2">尺寸稳定性/%</td><td colspan="4">≤1.0</td></tr>
<tr><td colspan="2">质量吸湿率/%</td><td colspan="4">≤1.0</td></tr>
<tr><td colspan="2">短期吸水量/kg/m^2</td><td colspan="4">≤1.0</td></tr>
<tr><td colspan="2">长期吸水量/kg/m^2</td><td colspan="4">≤3.0</td></tr>
<tr><td colspan="2">憎水率/%</td><td colspan="4">≥98.0</td></tr>
<tr><td colspan="2">燃烧性能级别</td><td colspan="4">应符合 A 级要求</td></tr>
<tr><td colspan="6">湿热处理条件：70 °C 相对湿度 95%条件处理 7 天，自然干燥后测试</td></tr>
</table>

5.2.2 增强覆面岩棉板使用的岩棉板性能应符合本规程 5.2.1 条的规定，喷（刮）涂胶浆的性能应符合本规程 5.2.4 条的规定，

耐碱纤维网布的性能应符合本规程 5.2.6 条规定。增强覆面岩棉板的工艺、性能应符合表 5.2.2 的要求。

表 5.2.2 增强覆面岩棉板的工艺、性能要求

<table>
<tr><th colspan="2">项 目</th><th>指 标</th></tr>
<tr><td rowspan="2">针织</td><td>缝纫线</td><td>无机、耐碱</td></tr>
<tr><td>针织网格尺寸/mm</td><td>不超过（60±5）×（60±5）</td></tr>
<tr><td rowspan="2">覆面层</td><td>厚度/mm</td><td>1.5±0.5</td></tr>
<tr><td>表面质量</td><td>不允许有漏涂、露纤、鼓泡、起皮现象</td></tr>
<tr><td colspan="2">密度/(kg/m³)</td><td>≥120</td></tr>
<tr><td colspan="2">当量导热系数/[W/(m·K)]</td><td>≤0.050</td></tr>
<tr><td colspan="2">抗拉强度/MPa</td><td>≥0.10</td></tr>
<tr><td colspan="2">抗压强度（相对变形 10%）/kPa</td><td>≥80</td></tr>
<tr><td colspan="2">表面吸水量/（kg/m²）</td><td>≤1.0</td></tr>
</table>

5.2.3 粘结砂浆的性能应符合表 5.2.3 的要求。

表 5.2.3 粘结砂浆的性能指标

<table>
<tr><th colspan="2">项 目</th><th>指 标</th></tr>
<tr><td rowspan="3">拉伸粘结强度（与水泥砂浆）/MPa</td><td>原强度</td><td>≥0.6</td></tr>
<tr><td>耐水</td><td>≥0.4</td></tr>
<tr><td>耐冻融</td><td>≥0.4</td></tr>
<tr><td rowspan="2">拉伸粘结强度（与岩棉带）/MPa</td><td>原强度</td><td>≥0.10，或岩棉制品破坏</td></tr>
<tr><td>耐水</td><td>≥0.10，或岩棉制品破坏</td></tr>
<tr><td colspan="2">可操作时间/h</td><td>2～4</td></tr>
</table>

5.2.4 抹面胶浆的性能应符合表 5.2.4 的要求。

表 5.2.4 抹面胶浆的性能指标

项目		指标
拉伸粘结强度（与岩棉带）/MPa	原强度	≥0.10，或岩棉制品破坏
	耐水	≥0.10，或岩棉制品破坏
抗压强度/抗折强度		≤3.0
可操作时间/h		2～4

5.2.5 柔性耐水腻子的性能应符合表 5.2.5 的要求。

表 5.2.5 柔性耐水腻子的性能指标

项目		指标
容器中状态		均匀、无结块
施工性		刮涂无障碍
干燥时间（表干）/h		≤5
打磨性		手工可打磨
低温稳定性		–5 °C 冷冻 4 h 无变化，刮涂无障碍
耐水性（96 h）		无异常
耐碱性（48 h）		无异常
柔韧性		直径 50 mm，无裂纹
粘结强度/MPa	标准状态	≥0.60
	冻融循环 5 次	≥0.40

5.2.6 耐碱玻纤网布、玄武岩纤维网布的性能应符合表 5.2.6 的要求。

表 5.2.6 耐碱纤维网布的性能指标

项 目	指 标
经纬纱密度	不低于 4 根/25 mm
单位面积质量/（g/m^2）	≥130
耐碱断裂强力（经、纬向）/（N/50 mm）	≥750
耐碱断裂强力保留率（经、纬向）/%	≥50
断裂应变（经、纬向）/%	≤5

5.2.7 锚栓应符合下列规定：

1 锚栓的塑料膨胀件和塑料膨胀套管应采用原生的聚酰胺、聚乙烯或聚丙烯制造，不得使用再生材料。锚栓的钢制件应采用不锈钢或经过表面防锈防腐处理的碳钢制造。

2 根据锚栓附着基体材料类别选用适宜品种锚栓，其规格、性能应符合表 5.2.7 的规定。

表 5.2.7 锚栓的规格和性能指标

项 目	指 标		
	Ⅰ类基体	Ⅱ类基体	Ⅲ类基体
锚栓抗拉承载力标准值/kN	≥0.80	≥0.60	试验确定
锚栓圆盘抗拔力标准值/kN	≥0.80		
锚栓圆盘直接/mm	≥50		
有效锚固深度/mm	≥25		

注：Ⅰ类基体：不低于 C10/MU10 的实心基体和不低于 MU5.0 的多孔/空心砌块基体；Ⅱ类基体：C10/MU10～C5.0/MU5.0 的实心基体和 MU5.0～MU3.5 的多孔/空心砌块基体；Ⅲ类基体：其他强度等级基体，或外壁厚度小于 25 mm 的空心砌块基体。

5.2.8 复合岩棉保温装饰板采用的岩棉板、岩棉带、针织岩棉板和增强覆面岩棉板的性能应符合本规程 5.2.1、5.2.2 的相应要求，使用的纤维增强硅酸钙板、铝合金板的性能应分别符合《纤维增强硅酸钙板》JC/T 564.1、《一般工业用铝及铝合金板带材一般要求》GB/T 3880.1 的要求；复合岩棉保温装饰板性能应符合表 5.2.8 的要求。

表 5.2.8 复合岩棉保温装饰板的性能指标

<table>
<tr><td colspan="2" rowspan="2">项 目</td><td colspan="2">指 标</td></tr>
<tr><td>铝合金板</td><td>纤维增强硅酸钙板</td></tr>
<tr><td colspan="2">饰面板基板厚度/mm</td><td>≥0.50</td><td>6～10</td></tr>
<tr><td colspan="2">板面翘曲度/mm</td><td>≤5</td><td>≤2</td></tr>
<tr><td colspan="2">外 观</td><td colspan="2">漆面颜色均匀一致，表面平整，无变形，无缺棱掉角</td></tr>
<tr><td rowspan="4">装饰面缺陷</td><td>气泡</td><td colspan="2">直径小于 1.0 mm 气泡不超过 10 个/m²</td></tr>
<tr><td>疵点</td><td colspan="2">直径小于 3.0 mm 疵点不超过 10 个/m²</td></tr>
<tr><td>划伤</td><td colspan="2">每块板长度小于 10 mm 划伤不超过 4 处</td></tr>
<tr><td>擦伤</td><td colspan="2">每块板面积小于 50 mm² 擦伤不超过 4 处</td></tr>
<tr><td rowspan="3">尺寸偏差/mm</td><td>长度</td><td colspan="2">±3</td></tr>
<tr><td>宽度</td><td colspan="2">±2</td></tr>
<tr><td>厚度</td><td colspan="2">±2</td></tr>
<tr><td colspan="2">对角线差/mm</td><td colspan="2">≤5</td></tr>
<tr><td rowspan="2">饰面板与保温板拉伸结强度</td><td>原强度</td><td colspan="2">不低于保温层抗拉强度</td></tr>
<tr><td>冻融后</td><td colspan="2">不低于保温层抗拉强度</td></tr>
<tr><td colspan="2">面密度/(kg/m²)</td><td colspan="2">≤20</td></tr>
<tr><td colspan="2">保温层厚度偏差/(mm)</td><td colspan="2">±2</td></tr>
</table>

续表 5.2.8

项目		指标	
		铝合金板	纤维增强硅酸钙板
饰面层	耐酸性（48 h）	无异常	
	耐碱性（96 h）	无异常	
	耐盐雾（500 h）	无损伤	
	耐老化（1 000 h）	合格	
	耐沾污性/%	≤10	
	附着力/级	≤1	
	耐沾污性、附着力仅限平涂饰面		

5.2.9 饰面涂料应使用水溶性涂料，其性能应符合国家及行业相关标准的要求。

5.2.10 在岩棉制品建筑保温系统中所采用的附件，包括射钉、密封膏、密封条、金属护角、盖口条等应分别符合相应的产品标准要求。

k_2——保温系统粘结修正系数，取 0.5；

R_1——保温层垂直于板面抗拉强度（kPa），按本规程表 5.2.1、表 5.2.2 取值。

2 复合岩棉保温装饰板保温系统按式（6.3.4-2）计算：

$$R_k = k_2 R_1 \quad (6.3.4\text{-}2)$$

式中 R_k——外墙外保温系统的抗风荷载承载力标准值（kN/m^2）；

k_2——保温系统粘结修正系数，取 0.5；

R_1——保温层垂直于板面抗拉强度（kPa），按本规程表 5.2.1、表 5.2.2 取值。

6.3.5 岩棉制品外墙外保温系统的抗风压承载力设计值应按式（6.3.5）计算：

$$R_d = \frac{R_k}{\gamma_m} \quad (6.3.5)$$

式中 R_d——外墙外保温系统的抗风荷载承载力标准值（kN/m^2）；

R_k——岩棉制品外保温系统抗风荷载标准值（kN/m^2）；

γ_m——保温系统安全系数，薄抹灰系统取 2.3，复合岩棉保温装饰板保温系统取 6.6。

6.4 结露和冷凝受潮验算

6.4.1 设置有岩棉制品保温系统的外围护结构，避免其内部结露或冷凝受潮，按下列公式进行验算：

$$p_{m1} < p_{s,t_{m1}} \quad (6.4.1\text{-}1)$$

$$p_{m1}=p_i-\frac{\sum_{j=1}^{n-1}\frac{1}{W_j}}{\sum_{j=1}^{n}\frac{1}{W_j}}(p_{\mathrm{i}}-p_{\mathrm{e}}) \tag{6.4.1-2}$$

$$t_{m1}=t_{\mathrm{i}}-\frac{\sum_{j=1}^{n-1}\Omega_j}{\sum_{j=1}^{n}\Omega_j}(t_{\mathrm{i}}-t_{\mathrm{e}}) \tag{6.4.1-3}$$

式中　$p_{s,t_{m1}}$——t_{m1}温度时空气饱和水蒸气分压（Pa）:

p_{m1}——第 m 层材料靠室内一侧表面水范气分压（Pa）;

p_{i}——室内 t_{i} 温度时对应的空气水范气分压（Pa）;

p_{e}——室外 t_{e} 温度时对应的空气水蒸气分压（Pa）;

W_j——第 j 层材料的透湿率 $[\mathrm{g}/(\mathrm{m}^2\cdot\mathrm{s}\cdot\mathrm{Pa})]$；

t_{m1}——第 m 层材料靠室内一侧的温度（°C）;

t_{i}——室内温度（°C）;

t_{e}——室外温度（°C）;

Ω_j——第 j 层材料 $[t_{(m-1)1}+t_{m1}]/2$ 温度时的热阻（K/W）。

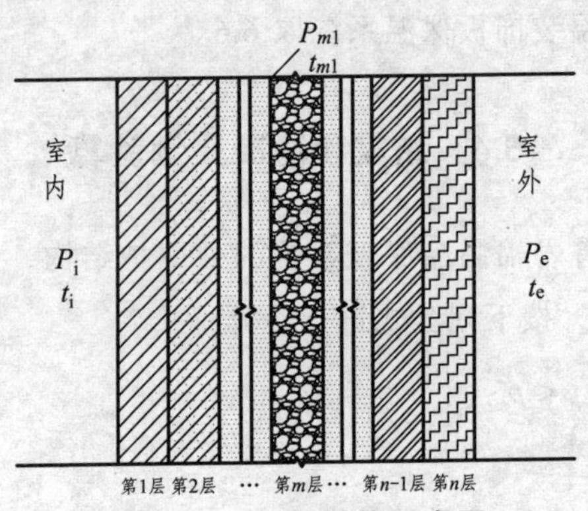

图 6.4.1　围护结构示意图

6.5 构造设计要点

6.5.1 岩棉制品保温系统复合的基体应坚实、平整。基层抹灰砂浆的拉伸粘结强度应不小于 0.2 MPa，基体与锚固件的连接应牢固、可靠。

6.5.2 应根据基体结构、材料类别选用适宜的锚固件，锚固件长度由基体构造、保温层厚度和有效锚固深度计算确定。

6.5.3 复合岩棉保温装饰板外墙外保温系统和昼夜温差经常超过 25℃地区的非幕墙构造岩棉制品薄抹灰外墙外保温系统，应设置保温层与室外大气相通的通气口，通气口可采用排气塞。保温系统不超过 10 m^2 应设置一个通气口，排气塞应粘结牢靠。

6.5.4 选用岩棉制品薄抹灰外墙外保温系统时，首层等人群经常接触部位应设计选用加强型保温系统，其他非人群经常接触部位可设计选用普通型保温系统。

6.5.5 岩棉板、岩棉带、针织岩棉板和增强覆面岩棉板与基层的有效粘结面积不得小于板材总面积的 60%。

6.5.6 岩棉制品薄抹灰外保温系统锚栓设置数量通过保温系统抗风荷载计算确定，且保温系统每平方米的锚固点不得少于 4 点，不超过 14 点，锚固点应规则分散分布。

6.5.7 抗裂防护层中的耐碱纤维网布铺设应符合下列要求：

1 在建筑物首层、门窗洞口、装饰缝、阴阳角等部位，应增加一层耐碱网格布作加强层。

2 耐碱纤维网布的搭接长度不应小于 100 mm。

3 阴阳角的耐碱纤维网布延伸宽度不应小于 200 mm。

4 门窗洞口周边的耐碱纤维网布应翻出墙面 100 mm，并应在四角沿 45°方向加铺一层 400 mm×300 mm 的耐碱网格布。

6.5.8 薄抹灰外墙外保温系统应设计分格缝。分格缝的设置应符合下列规定：

1 分格缝的位置应结合建筑物外立面的设计及门窗洞口进行设置；水平分格缝宜按楼层设置，竖向分格缝宜按距离设置，间距不宜超过 12 m，竖向分格缝宜设置在阴角处。

2 分格缝应作防水构造设计，确保雨水不会渗入保温层及基层。分格缝构造见图 6.5.8。

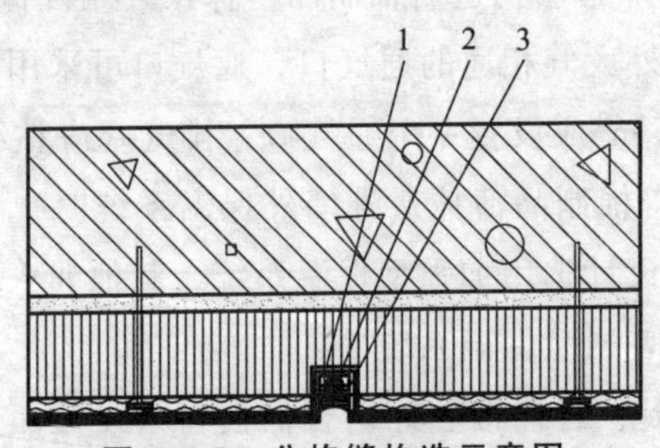

图 6.5.8 分格缝构造示意图

1—耐碱纤维网布+抹面胶浆；2—塑料泡沫棒；3—耐候密封胶

6.5.9 复合岩棉保温装饰板与基墙的有效粘结面积不得小于板材总面积的 60%。复合岩棉保温装饰板边缘挂件锚固点每平方米不少于 6 个点，每张板的锚固点不少于 4 个点。

6.5.10 装饰幕墙构造岩棉制品保温系统应按建筑结构的每楼层，在装饰外挂板与基墙之间沿水平方向设置一道防火隔离带。防火隔离带的材料、组成与岩棉制品保温系统相同；设置的防火隔离带在水平方向应与装饰幕墙结构形成闭合，在装饰外挂板与基墙之间封闭阻隔；防火隔离带基本构造见图 6.5.10。

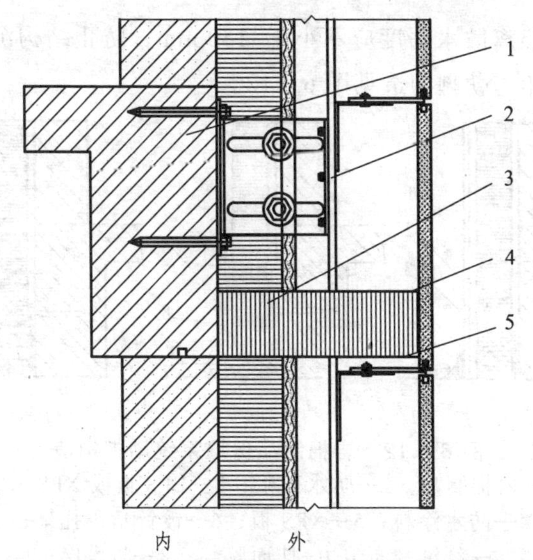

图 6.5.10 幕墙构造岩棉板防火隔离带基本构造

1—混凝土结构梁；2—钢构架+外挂板；3—100 mm 厚岩棉板或铝箔覆面岩棉板；4—防火密封胶；5—1.5 mm 厚镀锌钢板

6.5.11 幕墙构造铝箔覆面岩棉板保温系统，每张铝箔覆面岩棉板设置的固定塑料锚栓不应少于 3 颗，铝箔覆面岩棉板拼缝和塑料锚压紧圆盘应采用铝箔条覆盖粘贴密封。

6.5.12 勒脚部位、外挑空调板、雨棚等易积水的部位外保温构造应符合以下规定：

1 系统底部第一排岩棉板的下侧板端与散水不小于 300 mm 的间距，应采用其他防水性能好的保温材料进行保温处理，勒脚部位保温系统下部应设置用镀锌锚栓固定于基墙的经防腐处理过的金属托架。当地下室外墙有保温要求时，保温系统与室外地面散水间应预留不小于 20 mm 缝隙，缝隙内宜填充条状保温材料，外口应设置背衬，并用建筑密封膏封堵。当地下室外墙无保温要求时，托架离散水高度应不小于 150 mm，防止结构沉降引起保温系统破坏。勒脚构造见图 6.3.12。

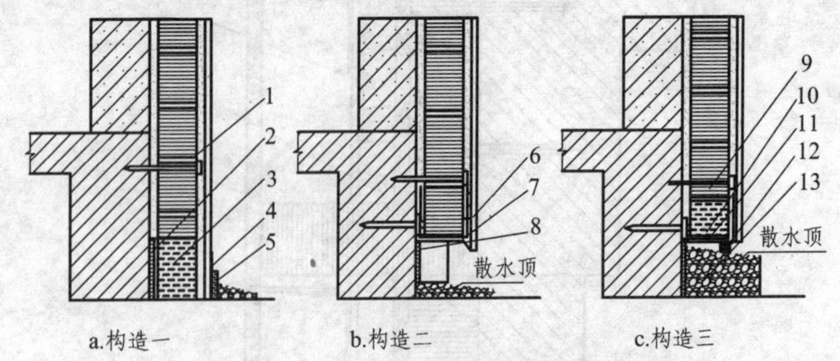

图 6.5.12 岩棉制品保温系统勒脚构造

1—岩棉制品；2—防水砂浆；3—EPS 板或 XPS 板；
4—防水涂料；5—XPS 板；6—镀锌角码托架；
7—纤维网布包边+抹面胶浆；8—防水层；
9—岩棉制品；10—镀锌角码托架；
11—纤维网布包边+抹面胶浆；
12—XPS 棒+密封膏；
13—防水层

2 外挑空调板、雨棚等易积水的构件水平板面、距构件水平和竖直方向 300 mm 范围内的墙面应采用其他防水性能好的保温材料进行保温处理。

6.5.13 门窗洞口外侧面外保温构造应符合以下规定：

1 保温层厚度不应小于 20 mm；保温层与门窗框间应留 6～10 mm 的缝，填背衬嵌密封胶；门窗洞口阳角部位应在抹面层中双层网布的内侧设置防水塑料护角线条；门窗外侧洞口上沿口应设置成滴水线条或做鹰嘴状滴水线。窗台宜设铝合金窗台盖板或其他金属盖板。

2 凸窗非透明部位外侧面、距构件水平和竖直方向 300 mm 范围内的墙面应采用其他防水性能好的保温材料进行保温处理。凸窗底板应设置与墙面数量相同的锚固件，锚固件植入底板混凝土深度不小于 30 mm。

3 内铺单层网格布的抹面层的厚度为 3 ~ 5 mm，内铺双层网格布的抹面层的厚度为 4 ~ 6 mm。

4 门窗外侧洞口系统与门窗框的接口处、伸缩缝或墙身变形缝等需要终止系统的部位、勒脚、阳台、雨篷、女儿墙等系统尽端处，应用内层网格布对系统的岩棉板实施翻包；翻包时网布在岩棉板粘结层中的长度不小于 100 mm；当安装底座托架或终端连接附件时，可以不需要网格布的翻包。窗口保温系统构造见图 6.5.13。

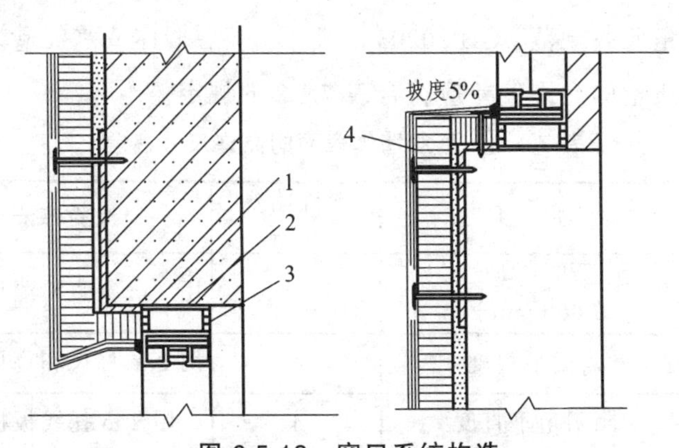

图 6.5.13 窗口系统构造

1—耐碱纤维网布；2—密封胶；3—发泡聚氨酯；4—金属盖板

7 施 工

7.1 施工条件

7.1.1 保温工程应由专业施工队伍施工，施工单位应具有健全的质量管理体系，制定完善的施工质量控制和检验制度。保温工程施工前，应编制专项施工方案，经监理或建设单位批准后方可实施。施工作业人员上岗前应对其进行技术交底，并进行必要的施工操作培训和考核。

7.1.2 保温工程施工应在主体工程验收后进行。基层墙体应符合《混凝土结构工程施工质量验收规范》GB 50204 和《砌体工程施工质量验收规范》GB 50203 的要求。基层墙体或水泥砂浆找平层工程质量的允许偏差应符合表 7.1.2 的规定。

表 7.1.2 基层墙体表面的允许尺寸偏差

项次	项 目	允许偏差/mm	检验方法
1	垂直度（高度≤2 000 mm）	4	用 2 m 垂直检测尺检查
2	表面平整度	4	用 2 m 靠尺和塞尺检查
3	阴阳角垂直度	4	用 2 m 托线板检查

7.1.3 外门窗洞口应通过验收，洞口尺寸、位置应符合设计要求。门窗框及外墙身上各类预埋铁件、管道管卡、设备穿墙管道等应安装完毕，并预留出保温层的厚度。

7.1.4 预留孔洞应提前施工完毕。伸出或穿过墙体的管道、排水沟孔和设备等应预先塞实、固定，必要时按具体部位进行防水试验。

7.1.5 墙柱连接处缝隙应用钢丝网片加固。

7.1.6 既有建筑改造工程保温施工时，基层必须坚实，应将墙体的爆皮、粉化、松动、表面旧涂层、油污、隔离剂及杂物清理干净，大于 10 mm 的凸出物应剔除铲平。已空鼓的部分应铲除，并修补缺陷、加固及找平。

7.1.7 当低于 5 °C、或风力大于五级的大风天气时，不得施工，外保温工程严禁雨天施工。夏季应避免阳光暴晒，雨期施工应采取有效防雨措施。

7.2 材料准备

7.2.1 保温工程使用的材料应符合设计要求。袋装材料在运输、储存过程中应防潮、防雨、防暴晒，包装无破损，使用时无结块等变质现象；岩棉制品在运输、储存过程中应防雨、防潮。

7.2.2 基墙处理用预拌砂浆宜选用 M7.5 或 M10 掺纤维的抹灰砂浆，其质量应符合《预拌砂浆生产与应用技术规程》DB51/T 5060 的要求。

7.2.3 岩棉制品保温系统组成材料的性能应符合本规程第 5 章要求；材料供应商应提供材料的配制比例和使用说明书。

7.3 搅　拌

7.3.1 应严格按照施工方案或材料使用说明书规定配比进行配制。

7.3.2 经工厂称量的包装材料，现场抽样称重检查合格后，可按规定比例整袋配制；需要现场称量配制时，干粉材料计量精度 ± 2%，水、乳液计量精度 ± 1%；水的计量可采用桶或流量表计量，加水量或稠度应控制在厂家规定值。

7.3.3 宜选用强制式搅拌机或砂浆搅拌机搅拌，搅拌时间不得少于 3 分钟，每次搅拌量不宜少于 0.1 m^3；应确保搅拌均匀。

7.3.4 配制好的料浆应在厂家规定的可操作时间内用完。

7.4 施工工艺

7.4.1 岩棉板、岩棉带和针织岩棉板薄抹灰外保温系统保温工程施工工艺流程见图 7.4.1。

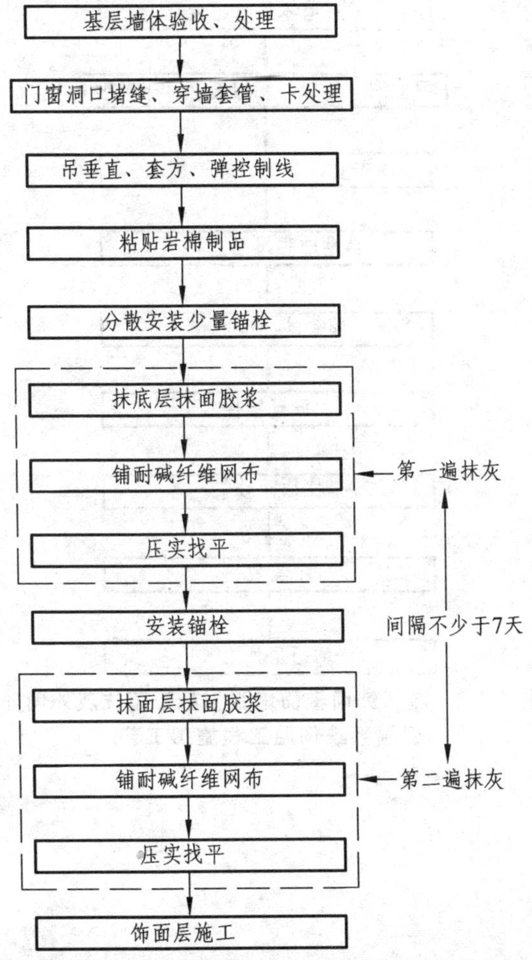

图 7.4.1 涂料饰面岩板制品薄抹灰外墙外保温系统保温工程施工工艺

7.4.2 增强覆面岩棉板薄抹灰外保温系统保温工程施工工艺流程见图 7.4.2。

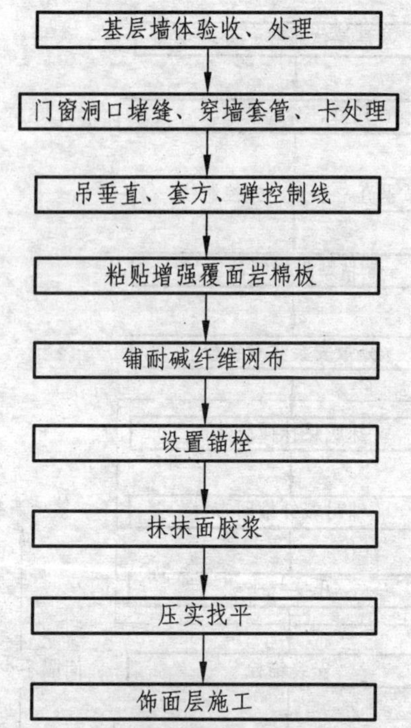

图 7.4.2 涂料饰面覆面增强岩棉板薄抹灰外墙外保温系统保温工程施工工艺

7.4.3 复合岩棉保温装饰板外墙外保温系统保温工程施工工艺流程见图7.4.3。

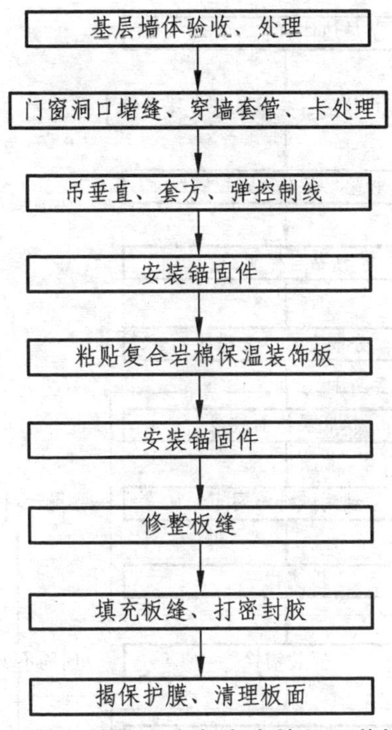

图7.4.3 粘挂固定复合岩棉保温装饰板外墙外保温系统保温工程施工工艺

7.4.4 幕墙构造岩棉板、岩棉带、针织岩棉板外墙外保温系统保温工程施工工艺流程见图 7.4.4。

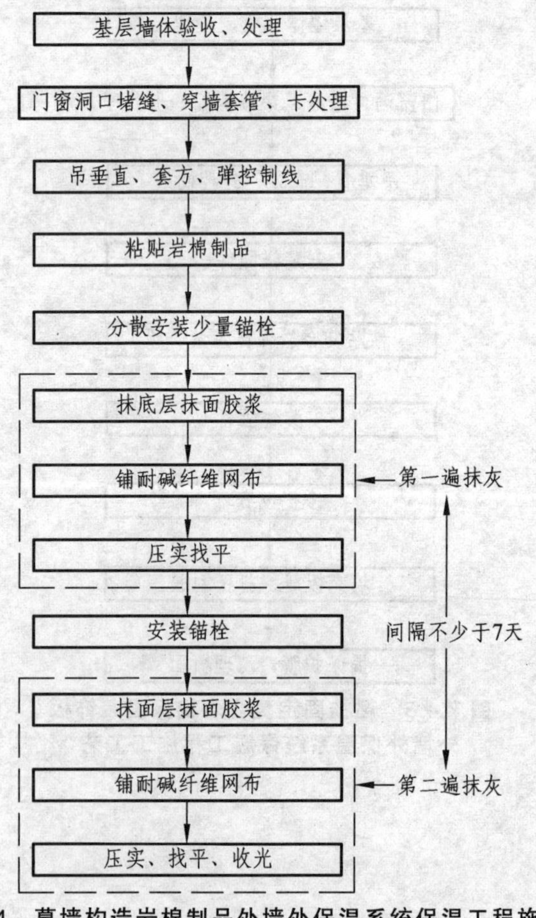

图 7.4.4 幕墙构造岩棉制品外墙外保温系统保温工程施工工艺

7.4.5 幕墙构造铝箔覆面岩棉板外墙外保温系统保温工程施工工艺流程见图 7.4.5。

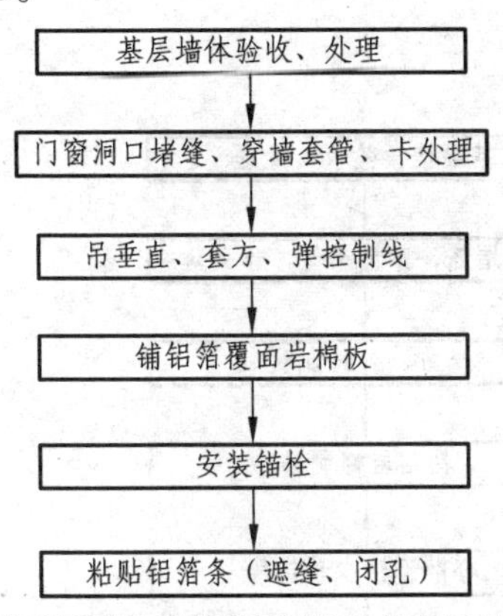

图 7.4.5 幕墙构造铝箔覆面岩棉板外墙外保温系统保温工程施工工艺

7.4.6 架空层增强覆面岩棉制品外保温工程施工工艺流程见图 7.4.6。

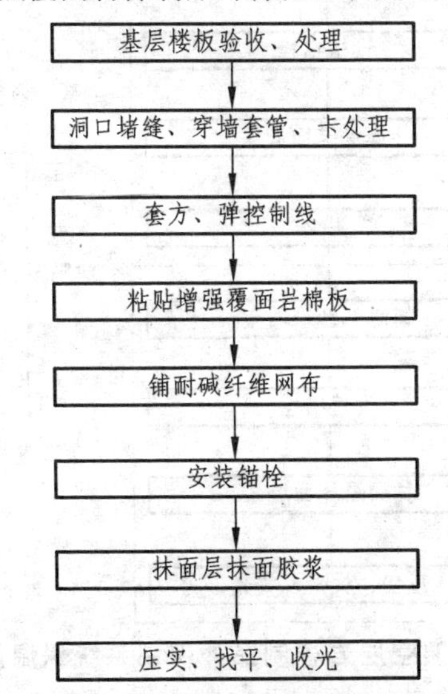

图 7.4.6 架空层岩棉制品外保温系统保温工程施工工艺

7.4.7 架空层岩棉板、岩棉带和针织岩棉板保温工程施工工艺流程见图 7.4.7。

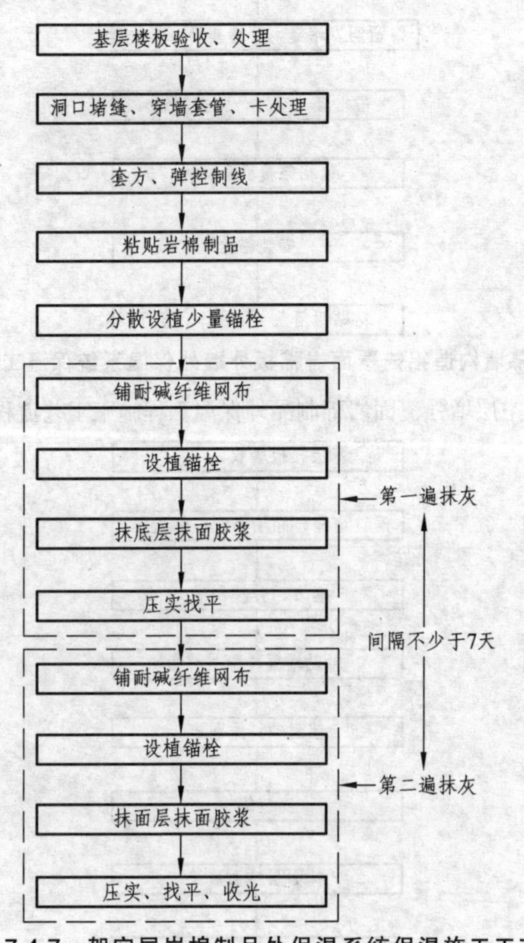

图 7.4.7 架空层岩棉制品外保温系统保温施工工艺

7.5 施工要点

7.5.1 基体表面处理应按下列规定：

1 基体表面应清理干净，无油渍。浮灰等旧墙面松动、风化部分应剔凿清除干净，基体表面超过 5 mm 的凸出物应铲平。

2 门、窗框四周保温层包裹窗框尺寸控制在 10 mm ~ 20 mm。外墙面伸出的管道，管边卡、排水沟孔和设备等应预先塞实、固定，并用水泥砂浆抹平。

3 基体平整度不满足施工要求时应找平，找平宜采用预拌砂浆，混凝土基体应采用界面砂浆处理后再用预拌砂浆找平；找平厚度超过 20 mm 时应采用多次涂抹，找平后基体的平整度不应超过 4 mm，找平层的养护龄期不得少于 7 天。

7.5.2 保温系统施工基准控制应按下列工序执行：

拉垂直、水平通线、套方作口，弹厚度、伸缩缝控制线。

7.5.3 薄抹灰保温系统岩棉制品安装、粘贴板材应符合下列规定：

1 安装、粘贴板材应事先排板，板材竖向拼接应错缝；门窗洞口四角或局部不规则处岩棉板不得拼接，应采用整块切割成型，岩棉板接缝应离开角部至少 200 mm。墙体及转角排板见图 7.5.3。

2 在勒脚部位外墙面上沿距散水高 300 mm ~ 600 mm 的位置弹水平线，水平线以下安装阻燃型聚苯乙烯泡沫板。勒脚部位构造应符合设计要求。

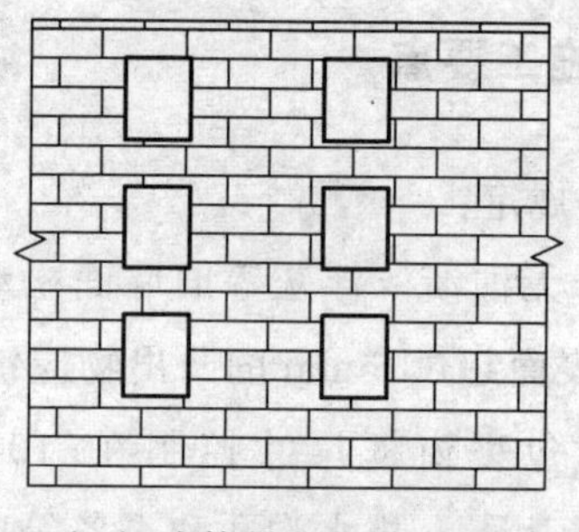

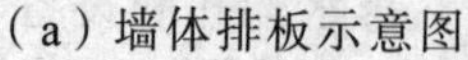

（a）墙体排板示意图

（b）转角排板示意图

图 7.5.3　岩棉制品错缝排板示意图

3　粘贴板材宜按由下往上的顺序。粘贴砂浆稠度应控制适宜。粘贴岩棉板、岩棉带和针织岩棉板时，粘结砂浆应在板材粘贴面上满涂，涂层厚度控制在 3 mm ~ 5 mm，粘贴时板与板之间应挤紧；粘贴增强覆面岩棉板时，粘结砂浆应在板材粘贴面上满涂，涂层厚度控制在 2 mm ~ 4 mm，并用专用齿刀将涂层刮成齿条状，粘贴时板与板之间的间距控制在 2 mm ~ 5 mm。粘贴保温板时应注意整板均匀用力施压，不得反复调整粘贴板材的位置；粘贴板材不得下坠，不得出现粘结砂浆流淌；粘贴在墙上的板材，不得采用支垫、固定等方式来防止粘贴板材滑移。

4　架空层宜边粘板边用少量锚栓锚固，墙体宜在岩棉板粘贴 7 天后抹胶浆前用少量锚栓锚固。

7.5.4　幕墙构造岩棉板粘贴应满足下列要求：

1　保温系统的施工应在幕墙框架安装完成、做好防锈处理、质量验收合格后进行。

2　保温系统的施工不得损伤幕墙锚固结构，不得损伤幕墙框架、锚固件的防锈层。

3　保温系统不得影响幕墙面板安装。

7.5.5　锚固件的设植应按下列规定进行：

1 应依据基体材料种类和结构选用相应的锚栓品种，锚固件长度由保温层厚度、基体面层厚度和有效锚固深度确定。

2 锚固件设植的数量、位置应符合设计文件或施工方案规定。

3 应检查钻头直径和长度，满足要求后方可将其施工。

4 除为防止涂抹抹面胶浆导致保温板松动而设植的少量锚栓外，设植的锚栓应压住耐碱纤维网布。

7.5.6 薄抹灰抗裂防护层的施工按下列规定进行：

1 抗裂防护层的施工应在保温层施工验收合格后进行。

2 岩棉板粘贴后至施工抗裂防护层的时间间隔不宜少于7天。

3 粘贴增强覆面岩棉板的板间缝隙应采用聚合物水泥砂浆、外墙腻子填缝或纸带贴缝后，再施工抗裂防护层。

4 先铺设耐碱纤维网布后涂抹抹面胶浆的施工工艺，在施工抗裂防护层时，抹面胶浆涂抹在保温板上后，应向外拉扯耐碱纤维网布，挤压抹面胶浆，使抹面胶浆充分浸入纤维与板材之间，再压实抹平抹面胶浆层。涂抹抹面胶浆时，必须用力反复撑刮涂层，或用棍滚碾涂层；禁止采用轻抹或蘸水一次涂抹刮平的施工工艺。

5 单层耐碱纤维网布增强的抗裂防护层采用一次涂抹施工，双层耐碱纤维网布的抗裂防护层应采用两次涂抹施工，第一层与第二层的施工间隔不少于7天。单层耐碱纤维网布增强抗裂防护层的施工厚度应控制在 3 mm～5 mm，双层耐碱纤维网布抗裂防护层的施工厚度应控制在 4 mm～6 mm，加强型薄抹灰保温系统的抗裂防护层的最小厚度不应少于 5 mm。

7.5.7 薄抹灰抗裂防护层耐碱纤维网布的施工构造和施工质量应符合下列要求：

1 耐碱纤维网布应布置在抗裂防护层内，不得有干贴、露网，粘贴饱满度应达到100%。

2　平面网格布搭接宽度不应小于 100 mm，阴角处网格布的搭接宽度不应小于 100 mm，阳角处网格布的搭接宽度不应小于 200 mm。

3　门窗洞口边角应 45°斜向加铺一道耐碱网格布，耐碱网格布尺寸宜为 400 mm × 300 mm。门窗洞口耐碱纤维网布搭接见图 7.5.7。

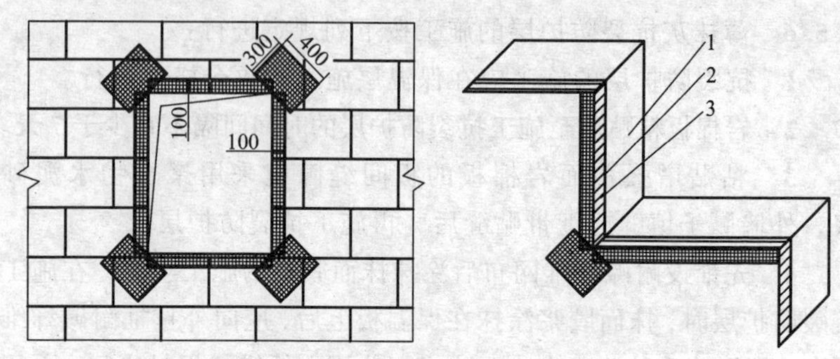

图 7.5.7　门窗洞口耐碱纤维网布搭接示意图

1—洞口墙体；2—岩棉制品，3—耐碱纤维网布

7.5.8　抗裂防护层施工时，应同时在檐口、窗台、窗楣、雨篷、阳台、压顶以及突出墙面的顶面做出坡度，其下面应做出滴水槽或滴水线，并做好防水处理。

7.5.9　分格缝、密封缝的施工应符合下列规定：

1　应根据设计文件或施工方案设置分格缝。

2　按设计要求在基墙上弹出分格线和滴水槽的位置，采用厚度不大于抹面层厚度的分格条，将分格条固定在保温层表面，抹面胶浆涂抹结束后，将分格条取出形成分格缝，待抗裂防护层干燥收缩后用填缝材料和密封材料填充密封，表面用有机硅或丙烯酸防水涂料涂刷分格槽 2 遍，不得漏涂。

3　用无机保温砂浆或泡沫条填充饰面板复合岩棉板板缝，

用硅酮密封胶补平、密封板缝，硅酮密封胶密封厚度不得小于5 mm。

7.5.10 涂料饰面施工按下列规定进行：

1 刮柔性腻子应在抗裂防护层干燥后施工，应做到平整光洁，腻子层厚度控制在 3 mm 左右。

2 涂刷弹性涂料，应涂刷均匀，不能漏涂。

7.5.11 幕墙构造铝箔覆面岩棉板保温系统的施工应符合下列规定：

1 板与板之间应挤紧。

2 固定铝箔覆面岩棉板用锚栓的圆盘直接不应小于 100 mm。塑料锚栓应打在铝箔覆面岩棉板上（非拼接缝处），并压紧板材，每张板设植的锚栓不得少于 3 颗，且设植锚栓的间距不应大于500 mm。

3 铝箔覆面岩棉板的拼接缝、塑料锚压紧圆盘和铝箔破损处应采用铝箔条覆盖粘贴密封。

4 施工工程板面平整度不得超过 10 mm。

7.6 成品保护

7.6.1 分格线、滴水槽、门窗框、管道、槽盒上残存砂浆，应及时清理干净。

7.6.2 电动吊篮作业或脚手架作业时，门窗洞口、边、角、垛宜采取保护性措施。其他工种作业时应不得污染或损坏墙面，严禁踩踏窗口。

7.6.3 各构造层在凝结硬化前应防止雨淋、水冲、撞击、振动。

7.6.4 保温系统墙面完工后要妥善保护，不得玷污、撞击，损坏。

7.6.5 外墙作业时应遵守有关安全操作规程。

8 验　收

8.1 一般规定

8.1.1 岩棉制品建筑保温系统保温工程施工质量验收除应符合本规程的规定外，尚应符合《建筑节能工程施工质量验收规范》GB 50411、《外墙外保温技术规程》JGJ 144、《居住建筑节能保温隔热工程施工质量验收规程》DB 51/5033 的要求。

8.1.2 应对下列部位或内容进行隐蔽工程质量验收，并应有详细的文字记录和必要的图像资料：

1 保温层附着的基层及其表面处理；

2 构造节点；

3 被密封保温材料厚度；

4 锚固件；

5 增强网铺设；

6 冷热桥部位处理。

8.1.3 建筑节能工程检验批应符合下列规定：

1 采用相同材料、工艺和施工做法的同类工程，每 1000 m^2 面积划分为一个检验批，不足 1 000 m^2 也可为一检验批；

2 检验批的划分也可根据与施工流程相一致且方便施工与验收的原则，由施工单位和监理（建设）单位共同商定。

8.1.4 节能工程验收时应检查下列文件和记录：

1 保温工程的施工图、设计说明及其他设计文件；

2 材料的产品合格证书、型式检测报告；

3 进场材料验收记录和复验报告；

4 隐蔽工程验收记录；

5 施工记录；

6 节能工程性能检验报告。

8.1.5 保温系统及其组成材料性能项目型式检验按照附录 A 规定的检验方法进行，墙体节能工程质量验收表可按附录 B 采用。

8.2 主控项目

8.2.1 节能工程所用材料、构件等，其品种、规格应符合设计要求和相关标准规定。

检验方法：观察、尺量检查；核查产品质量证明文件。

检查数量：按进场批次，每批随机抽查 3 个试样进行检查；质量证明文件应按照其出厂检验批进行核查。

8.2.2 节能工程使用的材料应符合本规程第 5 章要求。

检验方法：核查质量证明文件及进场复检报告。

检查数量：全数检查。

8.2.3 节能工程采用的保温系统组成材料，进场时应对其下列性能进行复检，复检应为见证取样送检：

1 岩棉板、岩棉带、针织岩棉板和铝箔岩棉板：导热系数、密度、抗拉强度、憎水率、酸度系数；

2 复合岩棉保温装饰板：导热系数、单位面积质量、保温板与面板粘结强度；

3 粘结砂浆：与水泥砂浆拉伸粘结强度、与水泥砂浆耐水拉伸粘结强度、岩棉带拉伸粘结强度、与岩棉带耐水拉伸粘结强度；

4 抹面胶浆：与岩棉带拉伸粘结强度、与岩棉带浸水拉伸粘结强度、压折比；

5 耐碱纤维网布：单位面积质量、耐碱断裂强力、耐碱断裂强力保留率；

6 锚栓：单颗锚栓抗拉承载力标准值；

7 柔性耐水腻子：粘结强度、柔韧性。

检验方法：随机抽样送检，核查复检报告。

检查数量：同一厂家同一品种的产品，单位工程保温面积每5 000 m^2 为一验收批，不足 5 000 m^2 按一验收批计，每一验收批各种材料抽检 1 次。

8.2.4 应按照设计和专项施工方案的要求对基层进行处理，处理后基层应符合保温层施工要求。

检查方法：对照设计和施工方案观察检查；检查隐蔽工程验收记录。

检查数量：全数检查。

8.2.5 节能工程各层构造做法应符合设计要求，并应按照经过审批的施工方案施工。

检查方法：对照设计和施工方案观察检查；检查隐蔽工程验收记录。

检查数量：全数检查。

8.2.6 节能工程的施工应符合下列规定：

1 保温板的厚度必须符合设计要求。

2　保温板与基层墙体以及各构造层之间必须粘结牢固，不应有脱层、开裂等现象，保温板与基层墙体的粘结强度应满足本规程要求，粘结面积不得小于保温板面积的60%。

3　保温系统锚固件的数量、位置、锚固深度和抗拉承载力应符合设计或图集要求；当设计和图集要求不明确时，应符合本规程要求。

4　涂料饰面外墙外保温系统的抗裂防护层不应裸露耐碱网格布。

5　保温系统抗拉强度应达到本规程要求。

检验方法：观察、手扳检查，保温板厚度现场取样检查；单个锚栓抗拉承载力标准值、保温系统抗拉强度检查现场检验报告；核查隐蔽工程验收记录。

检查数量：保温板的厚度、粘结面积、锚固件设置每个检验批抽查不少于3处。单个锚栓抗拉承载力标准值、保温系统抗拉强度每5 000 m^2保温工程不少于1组。

8.3　一般项目

8.3.1　进场材料的外观与包装应完整无破损，且符合设计要求和产品标准的规定。

检验方法：观察检查。

检查数量：全数检查。

8.3.2　耐碱纤维网布的铺贴和搭接应符合设计和施工方案的要求，砂浆应抹压密实，耐碱纤维网布不得褶皱、外露等。

检验方法：观察检查；核查隐蔽工程验收记录。

检验数量：每个检验批抽查不少于 5 处，每处不少于 2 m²。

8.3.3 构造、施工产生的冷热桥部位，如穿墙套管、脚手架、孔洞等，应按照设计或施工方案采取隔断热桥措施，不得影响墙体热工性能。

检验方法：应对照设计和施工方案观察检查。

检验数量：全数检查。

8.3.4 保温板接茬平顺，拼缝顺直、宽窄均匀。保温板粘结、锚固拼接凹凸不超过 2 mm。

检验方法：观察、尺量检查。

检验数量：每个检验批抽查 10%，并不少于 10 处。

8.3.5 墙体容易碰撞的阳角、门窗洞口及不同材料基体的交接处等部位，其抗裂防护层应采取防止开裂和破损的加强措施。

检验方法：观察检查；核查隐蔽工程验收记录。

检验数量：按不同部位，每类抽查 10%，且不得少于 5 处。

8.3.6 保温板、抗裂防护层的允许偏差和检查方法见表 8.3.6。

表 8.3.6 保温层、抗裂层的允许偏差和检查方法

项次	项　目	允许偏差	检查方法
1	立面垂直度	≤4 mm	用 2 m 垂直检测尺检查
2	表面平整度	≤4 mm	用 2 m 靠尺、塞尺检查
3	阴阳角方正	≤4 mm	用直角检测尺检查
4	分格条（缝）平直	≤4 mm	拉 5 m 线和尺量检查
5	立面总高垂直度	H/1 000 且不大于 30 mm	用经纬仪、吊线检查
6	上下窗口左右偏移	不大于 20 mm	用经纬仪、吊线检查
7	同层窗口上、下	不大于 20 mm	用经纬仪、拉通线检查

附录 A　检验方法

A.0.1　型式检验指本规程规定的保温系统及其组成材料全部性能项目检验，型式检验报告 2 年内有效。

A.0.2　岩棉制品薄抹灰外保温系统、粘结砂浆、抹面胶浆、耐碱纤维网布的性能检验按《模塑聚苯板薄抹灰外墙外保温系统材料》GB/T 29906—2013 的规定进行；复合岩棉保温装饰板保温系统、复合岩棉保温装饰板、增强覆面岩棉板和锚栓的性能按《保温装饰板外墙外保温系统材料》JG/T 287—2013 的规定进行，岩棉板、岩棉带、针织岩板和铝箔覆面岩棉板的性能检验按《建筑外墙外保温用岩棉制品》GB/T 25975—2010 的规定进行，柔性腻子的性能检验按《建筑外墙用腻子》JG/T 157—2009 的规定进行。

A.0.3　节能工程保温系统抗拉强度按照《外墙外保温技术规程》JGJ 144—2004 中粘结剂现场拉伸粘结强度试验方法规定进行。

A.0.4　节能工程塑料锚栓抗拉承载力标准值按《外墙保温用锚栓》JG/T 366—2012 的规定进行。

附录B 质量验收表

表 B.1 墙体节能分项工程质量验收汇总表

<table>
<tr><td colspan="2">工程名称</td><td colspan="3"></td><td colspan="2">检验批数量</td><td></td></tr>
<tr><td colspan="2">设计单位</td><td colspan="3"></td><td colspan="2">监理单位</td><td></td></tr>
<tr><td colspan="2" rowspan="2">施工单位</td><td>单位名称</td><td colspan="5"></td></tr>
<tr><td>项目经理</td><td colspan="2"></td><td colspan="2">项目技术负责人</td><td></td></tr>
<tr><td colspan="2" rowspan="2">分包单位</td><td>单位名称</td><td colspan="5"></td></tr>
<tr><td colspan="2">分包单位负责人</td><td colspan="2"></td><td>分包项目经理</td><td></td></tr>
<tr><td>序号</td><td colspan="3">检验批部位、
区段、系统</td><td colspan="2">施工单位
检查评定结果</td><td colspan="2">监理（建设）单位
验收结论</td></tr>
<tr><td>1</td><td colspan="3"></td><td colspan="2"></td><td colspan="2"></td></tr>
<tr><td>2</td><td colspan="3"></td><td colspan="2"></td><td colspan="2"></td></tr>
<tr><td>3</td><td colspan="3"></td><td colspan="2"></td><td colspan="2"></td></tr>
<tr><td>4</td><td colspan="3"></td><td colspan="2"></td><td colspan="2"></td></tr>
<tr><td>5</td><td colspan="3"></td><td colspan="2"></td><td colspan="2"></td></tr>
<tr><td>6</td><td colspan="3"></td><td colspan="2"></td><td colspan="2"></td></tr>
<tr><td>7</td><td colspan="3"></td><td colspan="2"></td><td colspan="2"></td></tr>
<tr><td>8</td><td colspan="3"></td><td colspan="2"></td><td colspan="2"></td></tr>
<tr><td>9</td><td colspan="3"></td><td colspan="2"></td><td colspan="2"></td></tr>
<tr><td>10</td><td colspan="3"></td><td colspan="2"></td><td colspan="2"></td></tr>
<tr><td>11</td><td colspan="3"></td><td colspan="2"></td><td colspan="2"></td></tr>
<tr><td colspan="4">施工单位检查结论：

项目专业质量负责人：

年 月 日</td><td colspan="4">验收结论：

监理工程师：
（建设单位项目专业质量负责人）
年 月 日</td></tr>
</table>

表 B.2　墙体节能工程检验批质量验收表

<table>
<tr><td colspan="2">工程名称</td><td colspan="4"></td></tr>
<tr><td colspan="2">分项工程名称</td><td colspan="4"></td></tr>
<tr><td colspan="2">验收部位</td><td colspan="4"></td></tr>
<tr><td colspan="2" rowspan="2">施工单位</td><td>单位名称</td><td colspan="3"></td></tr>
<tr><td>专业工长</td><td></td><td>项目经理</td><td></td></tr>
<tr><td colspan="2" rowspan="2">施工执行标准</td><td>名称</td><td colspan="3"></td></tr>
<tr><td>编号</td><td colspan="3"></td></tr>
<tr><td colspan="2" rowspan="2">分包单位</td><td>单位名称</td><td colspan="3"></td></tr>
<tr><td>分包项目经理</td><td></td><td>施工班组长</td><td></td></tr>
<tr><td colspan="4">验收规范规定</td><td>施工单位
检查评定记录</td><td>监理（建设）
单位验收记录</td></tr>
<tr><td rowspan="5">主控项目</td><td>1</td><td></td><td>第　条</td><td></td><td></td></tr>
<tr><td>2</td><td></td><td>第　条</td><td></td><td></td></tr>
<tr><td>3</td><td></td><td>第　条</td><td></td><td></td></tr>
<tr><td>4</td><td></td><td>第　条</td><td></td><td></td></tr>
<tr><td>5</td><td></td><td>第　条</td><td></td><td></td></tr>
<tr><td rowspan="4">一般项目</td><td>1</td><td></td><td>第　条</td><td></td><td></td></tr>
<tr><td>2</td><td></td><td>第　条</td><td></td><td></td></tr>
<tr><td>3</td><td></td><td>第　条</td><td></td><td></td></tr>
<tr><td>4</td><td></td><td>第　条</td><td></td><td></td></tr>
<tr><td colspan="2">施工单位
检查结论</td><td colspan="4">项目专业质量检查员：
项目专业技术负责人：　　　　年　　月　　日</td></tr>
<tr><td colspan="2">监理（建设）单位验收结论</td><td colspan="4">监理工程师：
建设单位项目专业技术负责人：　　　　年　　月　　日</td></tr>
</table>

本标准用词说明

1 为了便于在执行本规程条文时区别对待，对要求严格程度不同的用词说明如下：

1）表示很严格，非这样做不可的：

正面词采用“必须”，反面词采用“严禁”。

2）表示严格，在正常情况下均应这样做的：

正面词采用“应”，反面词采用“不应”或“不得”。

3）表示允许稍有选择，在条件许可时首先应这样做的：

正面词采用“宜”，反面词采用“不宜”；

4）表示有选择，在一定条件下可以这样做的，采用“可”。

2 规程中指定应按其他规范、规程、标准执行时，采用“应按……执行”或“应符合……的要求或规定”。

引用标准名录

1 《通用硅酸盐水泥》GB 175

2 《建筑结构荷载规范》GB 50009

3 《建筑抗震设计规范》GB 50011

4 《建筑设计防火规范》GB 50016

5 《民用建筑热工设计规范》GB 50176

6 《公共建筑节能设计标准》GB 50189

7 《砌体工程施工质量验收规范》GB 50203

8 《混凝土结构工程施工质量验收规范》GB 50204

9 《建筑节能工程施工质量验收规范》GB 50411

10 《一般工业用铝及铝合金板带材一般要求》GB/T 3880.1

11 《建筑外墙外保温用岩棉制品》GB/T 25975

12 《模塑聚苯板薄抹灰外墙外保温系统材料》GB/T 29906

13 《严寒和寒冷地区居住建筑节能设计标准》JGJ 26

14 《夏热冬暖地区居住建筑节能设计标准》JGJ 75

15 《夏热冬冷地区居住建筑节能设计标准》JGJ 134

16 《外墙外保温工程技术规程》JGJ 144

17 《外墙保温用锚栓》JGJ 366

18 《建筑砂浆基本性能试验方法》JGJ/T 70

19 《建筑外墙用腻子》JG/T 157

20 《保温装饰板外墙外保温系统材料》JG/T 287

21 《纤维增强硅酸钙板》JC/T 564.18

22 《耐碱玻璃纤维网格布》JC/T 841
23 《四川省居住建筑节能设计标准》DB 51/5027
24 《居住建筑节能保温隔热工程施工质量验收规程》DB 51/5033
25 《预拌砂浆生产与应用技术规程 DB 51/T 5060

四川省工程建设地方标准

四川省建筑工程岩棉制品保温系统技术规程

DB 51/T 042 – 2015

条 文 说 明

目　次

1 总 则

1.0.1 2009年以来，全国包括我省对岩棉制品的生产技术及其在建筑节能工程的应用进行了大量研究，目前岩棉制品在纤维生产、集棉技术和制品的防水性能都有显著的改进和提高，同时也积累了大量的建筑节能工程应用实践经验。编制本规程有助于规范和统一建筑节能工程用岩棉制品在我省的生产和应用。

1.0.3 本规程为专用标准。岩棉制品节能工程的材性、构造、施工和验收应当符合对建筑工程、建筑节能工程的通用要求。虽然本规程在编制时考虑到规程使用的方便，将相关规范的要求尽可能地转换为本规程的条文，但是不可能做到穷尽，同时标准也会不断修订。因此，采用本标准时，要与相关国家标准配套使用。

2 术语和符号

本章对规程出现的术语进行了解释或界定，目的在于准确理解文本内容。本规程术语在其他规程出现，应注意可能会有不同含义。

2.1.5 不同的使用场合、使用方法对产品的性能要求可能不同。本规程是指将岩棉制品用于建筑外围护结构外侧，通过砂浆粘贴与基体复合，外表采用薄层（纤维增强薄抹灰砂浆层、薄板）防护的方式使用。岩棉制品的性能应符合建筑外墙外保温用绝热岩棉制品的要求。

2.1.8 通过缝织处理，能够提高岩棉板的整体性和垂直于板面方向的抗拉强度。常用的缝纫线有不锈钢丝缝纫线、玻璃纤维丝缝纫线。宜采用不锈钢丝缝纫线或玄武岩丝缝纫线作针织岩棉制品缝纫线。

3 基本规定

3.0.2 不同地域、类别建筑对节能工程的节能效果和安全性要求不相同。选用岩棉制品保温系统时，应依据建筑类别、所在地域，采用相应的建筑节能设计规范进行设计或验算，确保建筑节能工程的节能效果能够满足要求。

3.0.3 岩棉制品强度低，不宜附着重物。岩棉制品薄抹灰保温系统采用面砖、文化石等重质块材作饰面材料，尚无足够的工程经验。

3.0.4 设置的锚栓其作用分为辅助锚栓和系统增强锚栓。薄抹灰岩棉制品保温系统中，压住耐碱纤维网布的锚栓为系统增强锚栓，参与系统承载力计算；未压住耐碱纤维网布的锚栓，仅起固定保温板作用，不参与系统承载力计算。复合岩棉保温装饰板系统的固定件起防止复合岩棉保温装饰板脱落作用，不参与系统承载力计算。幕墙构造铝箔覆面岩棉板保温系统的荷载为铝箔覆面岩棉板，锚拴的作用为承受板自重，防止板材旋转或松动。

3.0.5 在岩棉制品外保温系统的构造中，保温层是受力层；在保温系统各构造层中，岩棉制品抗拉强度、抗压强度最低，岩棉制品的强度在一定程度上就决定了保温系统的承载能力。设计岩棉制品保温系统时，应根据建筑风荷载、对保温系统的抗冲击性要求，选择岩棉制品的强度（岩棉制品的品种、密度），设计保温系统的构造。

3.0.6 由于建筑室内外空气的水蒸气压差，空气中水蒸气会在外墙中迁移。如果墙体为非均匀单一结构材料，由于水蒸气在墙体的各构造层中迁移速度不一致，水蒸气会在墙体内部某一构造层内聚积；如果同时存在室内外较大温差，水蒸气聚积层内的水蒸气压力可能出现达到或超过该层温度的饱和水蒸气压力，这时该层空气中的水蒸气就会凝结成液态水。如果这种情况长期存在，会影响墙体的使用性能和结构性能。这种现象，可能在寒冷和严寒地区的采暖期的多孔材料墙体中发生。

3.0.7 防护层采用双层耐碱玻纤网格布增强、防裂，抗裂防护层分次施工，是针对岩棉制品的特性总结出的防止保温系统开裂的有效技术、工艺措施。

3.0.8 薄抹灰保温系统的抗裂防护层厚度在 3 mm ~ 5 mm，抵抗外力作用能力低；使用高强刚性腻子，腻子层太厚，容易导致保温系统开裂，工程实践中有这种情况发生。要避免这种现象发生，一是要严格控制抗裂防护层的平整度，二是对腻子的品种和施工厚度进行控制。

3.0.9 复合岩棉保温装饰板单块尺寸和质量不应过大，结合工程实践本规程对复合岩棉保温装饰板单块尺寸和面密度进行了限制。复合岩棉保温装饰板外墙外保温系统设置保温层与室外大气的通气口，消除保温层内空气与室外大气压差，减小保温系统内部与大气的温差和大气温度变化引起的保温系统变形。

3.0.10 施工顺序应以装饰幕墙施工为主。保温工程不得妨碍装饰幕墙施工或破坏装饰幕墙结构，反之亦然。

6 设 计

6.3.1 根据我国现行国家标准《建筑结构荷载规范》GB 50009的规定，风荷载分项系数应取为 1.4。本规程采用单一安全系数法，因此将风荷载分项系数取为 1.5。

6.3.4 岩棉制品外墙外保温系统的抗拉承载力，按系统构造层的抗拉强度与系统锚栓锚固承载力两项叠加计算。复合岩棉保温装饰板保温系统的抗拉承载力以系统构造层的抗拉强度计。保温系统各构造层材料中，保温层材料的抗拉强度最低，保温系统的抗拉强度以保温层的抗拉强度计。保温系统构造中，锚栓压在耐碱纤维网布上，通过防护层的传递作用，将锚栓锚固力转化为对整个保温系统抗拉承载力的增加。规程要求保温层的粘结面积不小于 60%；锚栓锚固力修正系数取 0.80，保温系统粘结修正系数取 0.5，保温系统的抗拉承载力是有保障的。

6.3.5 岩棉外保温系统安全系数的取值是借鉴欧洲理论及经验，结合中国的实情得出。岩棉制品保温系统安全系数γ_m的构成：

$$\gamma_m = \gamma_1 \cdot \gamma_2 \cdot \gamma_3 \cdot \gamma_4 \cdot \gamma_5 \cdot \gamma_A \tag{1}$$

式中 γ_1——试验模拟差异性对系统的影响；

γ_2——永久荷载对系统自身强度的影响；

γ_3——外界温度的影响，比如外墙不同组件在温度的影响下的差异性；

γ_4——安装过程中的影响，比如由于安装的不精确性，导致材料受力性能的影响；

γ_5——组件材料或系统半成品状态受外界的影响，如存储条件，雨水等；

γ_A——材料或系统老化的影响，如材料在长时间的外界气候条件件使用后强度性能的下降。

薄抹灰岩棉制品外保温系统系统安全系数：

$$\gamma_m=1.1\times1.0\times1.0\times1.4\times1.0\times1.5$$

$$=2.3$$

复合岩棉保温装饰板外保温系统系统安全系数：

$$\gamma_m=1.1\times1.0\times1.0\times2.0\times1.2\times2.5$$

$$=6.6$$

6.4.1 围护结构为单层结构和外侧透气性较好的材料，不需进行内部冷凝受潮验算。多层构造的围护结构，一般应将蒸汽渗透阻较大的密实材料布置在内侧，而将蒸汽渗透阻较小的材料布置在外侧。当内侧结构层为密实混凝土或钢筋混凝土时，在室内温湿度正常条件下，一般不需进行内部冷凝受潮验算。对于保温层外侧有密实饰面层，当内侧结构层为加气混凝土和空心砖等多孔材料时，由于采暖期间存在着由室内向室外的水蒸气分压力差，在结构内部可能出现冷凝受潮，应进行结构内部冷凝受潮验算。

6.5.1 基墙质量达到保温工程施工要求是保证保温工程质量的前提，实际工程中有时出现由于抹灰砂浆强度不够造成保温系统抗拉强度不能满足技术要求的情况，本规程对保温系统施工基墙面的抗拉强度进行了规定。保温工程施工前应对基墙面的质量进行检查，当怀疑基墙面质量可能存在问题时，应通过拉拔试验确定基墙面抗拉强度满足要求后，方可进行保温工程施工。

6.5.3 岩棉制品内部的空隙为通透性结构，因此应将岩棉制品视作保温系统中的一个内部空腔，当外界大气温度变化时（比如从深夜到中午气温变化），保温系统中保温层的温度也会随之变化，当保温系统的保温层为一个密闭空间时，其内部空气存在下式关系：

$$\frac{P_1V_1}{T_1}=\frac{P_2V_2}{T_2} \tag{2}$$

式中 P_1——某一时刻保温层内空气的压强（MPa）;

V_1——某一时刻保温层内空气的体积（L）;

T_1——某一时刻保温层的温度（k）;

P_2——另一时刻保温层内空气的压强（MPa）;

V_2——另一时刻保温层内空气的体积（L）;

T_2——另一时刻保温层的温度（k）;

由以上公式可以看出，当岩棉制品保温系统的保温层为密闭空间时，当保温系统防护层刚度小时，随着气温变化，防护层会出现鼓凸或凹缩变化；当保温系统防护层刚度大时，随着气温变化，保温系统内部会出现较大的拉或压应力。应通过设置保温层与室外大气相通的通气口，消除岩棉制品保温系统的空腔效应。

6.5.4 加强型保温系统即提高保温系统的抗冲击性。应通过选用较高抗压强度的岩棉制品（高密度岩棉制品）和提高防护层的抗冲击韧性来增强保温系统的抗冲击性。通常选用抗压强度 80 kPa 以上岩棉制品，采用双层耐碱纤维网布防护层，保温系统抗冲击能达到 10 J 的要求。

6.5.5 岩棉制品表面粗糙、硬度小，精心施工能够保证有较大粘结面积。

6.5.6 岩棉制品薄抹灰外墙外保温系统是采用粘贴加锚固的方

式与基体连接，锚栓设置数量应通过保温系统抗风荷载计算确定。幕墙构造岩棉制品薄抹灰保温系统可不采用锚固。

6.5.7 耐碱纤维网布在薄抹灰保温系统防护层中起着减小防护层收缩，提高保温系统抗裂性；增加防护层韧性，提高保温系统的抗冲击性能；其作用和效果是不可或缺的。耐碱纤维网布的有效搭接，边界、边角的翻包，变形和应力集中处采用耐碱纤维网布增强，是保障保温系统质量和耐久性的关键构造。在保温系统的设计文件和施工方案中，必须对抗裂防护层中耐碱纤维网布的构造措施予以明确。

6.5.8 大尺寸薄抹灰保温系统设置分格缝，是避免系统防护层出现裂纹必要和有效的构造措施。薄抹灰保温系统设置分格缝时，除应合理设置分格缝间距，保障避免保温系统防护层开裂的有效性外；应注意：

1 不应对外墙面的装饰效果有大的影响；

2 确保在长期使用过程中，雨水不会从分格缝渗入保温系统。

6.5.10 装饰幕墙构造岩棉制品保温系统设置防火隔离带的目的，是防止建筑物着火时，装饰板与基墙之间的空腔对空气的抽吸，加速火势蔓延。因此，设置的防火隔离带应对装饰板与基墙之间的空腔，沿水平方向进行有效隔断，阻止空气流窜。

6.5.12 勒脚构造应考虑防水、防止首排岩棉在粘贴干固之前的下滑、建筑不均匀沉降、变形等因素作用。

6.5.13 为避免热桥，门窗侧边墙面应做保温处理。由于门窗框的局限，门窗侧边墙面的保温厚度一般小于主墙面，但不能小于20 mm。窗洞应设置附框，由于岩棉制品强度低，窗台应设防踩踏盖板。

7 施　工

7.1.1 建筑节能设计文件经审查备案，审查备案的设计文件如果有较大变更时，应经原施工图设计审查机构审查，在实施前办理设计变更手续，并获得监理或建设单位的确认。设计工程的节能效果与施工方案和施工过程管理措施密切相关，施工方案经监理或建设单位审查批准，不得随意更改。施工方案应有针对性地编制，并用书面形式向施工人员进行技术交底。对新从事该项工作的人员，应进行技术培训，并经技术考核合格后才准上岗。

7.1.6 保温系统附着基体的质量符合保温工程施工要求，是获得良好保温工程质量的前提。在保温工程施工前应认真检查基体质量，对存在的质量缺陷应根据责任划分进行整改，确认基体质量符合保温工程施工条件后，方可进行保温施工。

7.1.7 环境温度温度过低会导致胶粘剂、抹面砂浆早期强度发展迟缓；大风可能破坏粘结剂的初粘力；雨淋、雨水冲刷，增加岩棉自重、降低粘结强度，从而加大脱落风险；夏季的直射阳光可能加速聚合物水泥砂浆的水分蒸发,抗裂防护层容易出现裂纹。

7.2.2 基体处理用砂浆宜采用预拌砂浆，砂浆强度不宜过高或过低，采用掺加纤维砂浆有助于避免抹面层开裂和空鼓。

7.3.1 应严格按照施工方案或材料使用说明书规定配比进行配制，配制砂浆应在规定时间用完。

7.5.3 薄抹灰系统保温板材粘结，能够错缝时应当错缝拼接，特别是拼接增强覆面岩棉板时。这样能够减缓抗裂防护层变形集中程度，降低防护层开裂风险。

7.5.6 抗裂防护层的施工应在岩棉板与基体具有足够的粘结强度后进行，避免施工作业力导致板材脱落，一般粘贴板材后至抗裂防护层施工的时间间隔不应少于 7 天，平均气温低于日 12 °C 时，还应适当延长。抗裂防护层施工容易出现的问题是稀料轻抹，一是造成抗裂防护层与保温层结合不好，粘结强度达不到要求，时间久了抗裂防护层与保温板材脱开；二是抗裂防护层密实度差，装饰层防水性差时，抗裂防护层吸水湿胀，长时间反复作用，破坏保温系统结构。采用辊滚碾涂抹砂浆，施工效率高，密实效果好。